设计理想的家

欧式家居轻图典

叶斌　叶猛◎编著

海峡出版发行集团 THE STRAITS PUBLISHING & DISTRIBUTING GROUP | 福建科学技术出版社 FUJIAN SCIENCE & TECHNOLOGY PUBLISHING HOUSE

目录

客　厅

卧　室

其他功能区

客厅

主要装修材料

中花白大理石

造型装饰板

石膏板浮雕吊顶

大理石拼花波打线

白枫木装饰线

经典欧式地毯

米色乳胶漆

橡木地板

如何设计欧式客厅

欧式家居在设计时注重细节的精致和整体的华美、端庄。欧式客厅多采用大型灯池，配合造型典雅的壁灯来渲染氛围。门窗上半部多做成圆弧形，常用带有花纹的石膏线勾边。墙面多铺设花纹精美的壁纸，或涂刷优质乳胶漆，地面材料以石材或地板为佳。欧式家具讲究精美，从外形到细节无不体现出设计师的匠心，精致的实木家具、布艺沙发，为欧式客厅带来一种端庄、雍容的美。欧式风格家居中软装的应用非常广泛，浪漫的罗马帘、精美的油画、制作精良的工艺品等，都是欧式客厅的常用元素。

主要装修材料

订制花式吊顶

中灰花大理石

爵士白大理石

装饰银镜

主要装修材料

白枫木百叶装饰窗

装饰洞石

斑马纹混纺地毯

咖啡色护墙板

主要装修材料

装饰茶镜

胡桃木饰面板

米色网纹大理石

不锈钢装饰线

主要装修材料

欧式印花壁纸

装饰银镜

水曲柳垭口

中灰花玻化砖

欧式风格的常用元素

1. 丰富的墙面装饰线或护墙板。在现代的室内设计中，考虑到造价因素而常用墙纸代替。

2. 地面。一般采用波打线及拼花进行丰富和美化，也常用实木地板拼花的方式。一般都采用小几何尺寸的块料进行拼接。

3. 拱形或尖肋拱顶。在欧式的巴洛克风中较为常用。

4. 挂画。在墙上挂金属框的油画或摄影作品，可以选择一些西方艺术家的名作的复制品，把西方艺术带回家中，营造浓郁的艺术氛围。

主要装修材料

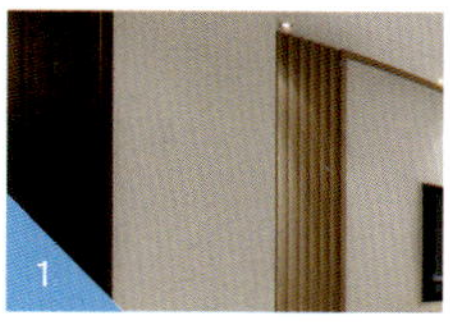

米色肌理壁纸

实木装饰线密排

凹凸造型硬包

白枫木装饰线

米黄色乳胶漆

护墙板

爵士白大理石踢脚线

印花银镜

主要装修材料

装饰茶镜

棕色大理石踢脚线

印花壁纸

大理石拼花地板

车边银镜

密度板雕花隔断

白枫木装饰线

装饰硬包

5
6
7

8

主要装修材料

茶镜饰面垭口

爵士白大理石

布艺硬包

黑白根大理石波打线

主要装修材料

时尚混纺地毯

造型墙饰

石膏装饰线

米色乳胶漆

主要装修材料

大理石拼花波打线

印花壁纸

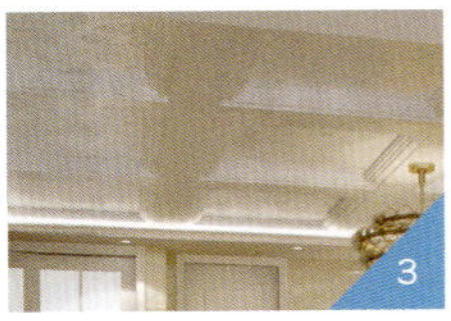

井字形装饰吊顶

山水纹大理石

印花玻璃隔断

石膏板浮雕吊顶

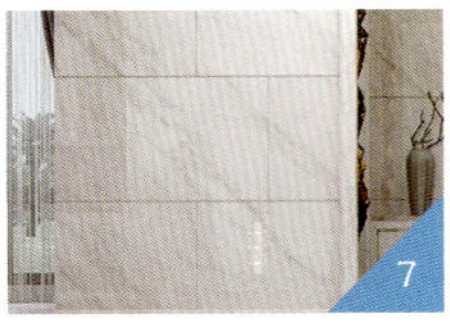

爵士白仿大理石墙砖

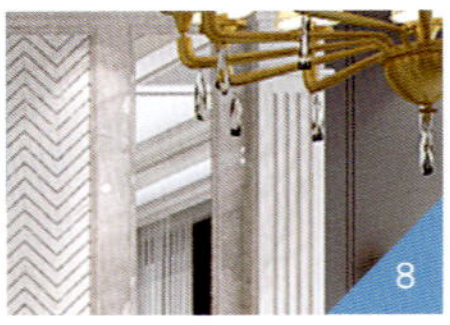

装饰银镜

6
5

8

主要装修材料

彩色釉面砖

皮革硬包

山水纹大理石

乳白色肌理漆

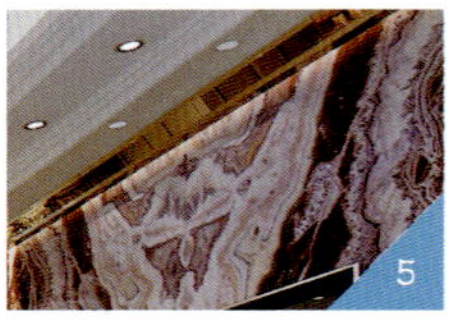

装饰茶镜

米色网纹大理石

仿布纹壁纸

不锈钢装饰线

纯毛地毯的选购

1. 看原料：优质纯毛地毯的原料一般是精细羊毛，其毛饱满且均匀，手感柔软，富有弹性，无硬根；劣质地毯的原料中往往混有发霉变质的劣质毛以及腈纶、丙纶等人造纤维，其毛短且粗细不均，用手抚摸时弹性差，有硬根。

2. 看外观：优质纯毛地毯的图案清晰美观，花纹层次分明，绒面富有光泽，色彩均匀；而劣质地毯色泽黯淡，图案模糊，毛稀疏，容易起球粘灰，不耐脏。

3. 看脚感：优质纯毛地毯脚感舒适，不黏不滑，回弹性很好，踩后很快便能恢复原状；劣质地毯的弹力往往很小，踩后复原极慢，且脚感粗糙，常常伴有硬物感。

4. 看工艺：优质纯毛地毯工艺精湛，毯面平直，毛多且饱满，纹路有规律；劣质地毯做工粗糙，质感差，漏线和露底处较多，其重量也因密度小而明显低于优质地毯。

主要装修材料

水曲柳饰面板

爵士白大理石

石膏板雕花吊顶

大理石拼花波打线

印花壁纸

主要装修材料

成品铁艺隔断

装饰组画

浅灰网纹玻化砖

护墙板

印花壁纸

主要装修材料

山水纹洞石

木花格装饰

中灰花玻化砖

造型装饰银镜

主要装修材料

木格栅玻璃推拉门

白枫木装饰线

黑金花大理石波打线

浅灰色肌理漆

主要装修材料

皮革软包

米色印花壁纸

黑白根大理石波打线

山水纹大理石

清玻璃隔断

护墙板

胡桃木垭口

文化石

仿古砖的选购

选购仿古砖时 先要考虑装修的整体色调、风格、面积、采光度及个人喜好等。仿古砖的购买量要比实际的地砖铺设量多约5%，备足施工损耗量。在选购仿古砖时应注意观察其以下特性：

1. 吸水率。吸水率高的砖，砖孔稀松，吸水积垢后较难清理，不宜在频繁活动的地方使用；吸水率低的砖则具有很好的防潮抗污能力。

2. 耐磨度。砖的耐磨度从低到高分为五度。五度为超耐磨，一般不用于家庭装饰，家装用砖一般在一度至四度间选择即可。

3. 硬度。硬度直接影响到仿古砖的使用寿命，可以通过敲击听声的方法来确定硬度，声音清脆的砖内在质量好，不易变形、破碎。

4. 颜色的均匀度。购买时要察看同一批砖的颜色、光泽、纹理是否大体一致，能不能较好地拼合在一起。色差小、尺码规整的是上品。

主要装修材料

湖蓝色肌理壁纸

印花地毯

装饰灰镜

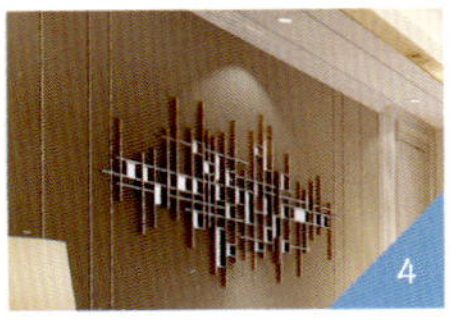

不锈钢装饰线

密度板雕花

车边银镜

胡桃木饰面板

米黄网纹大理石

6
5

7
8

主要装修材料

金箔壁纸

大理石拼花波打线

皮革硬包

浅啡网纹玻化砖

护墙板

主要装修材料

深咖网纹大理石

皮革硬包

仿石砖

井字形吊顶

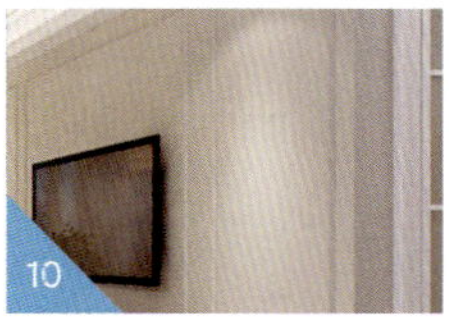

白枫木装饰线

如何挑选墙纸、墙布

看印花效果：从整体上看，好的墙纸、墙布看上去自然、立体感强。配色逼真、柔和、协调，套色精确。从细节上看，好的墙纸图案有层次感，颜色过渡自然，对花准确，色差小，无死折、气泡等。

摸质地：用手摸其表面，感觉质地。重点触摸其图案部分，看看图案是否均匀。再摸一摸整幅墙纸、墙布，看左右的厚薄是否一致，质地均匀的墙纸、墙布拼贴效果好。

闻气味：贴近样本或产品，闻闻是否有明显的化学品怪味。如气味较重，则甲醛、氯乙烯单体等挥发性物质的含量可能较高。

看易清洗的程度：可以裁一块墙纸、墙布的小样，沾上一些灰，再用湿布擦拭，看看是否容易被清洁。

主要装修材料

中灰花玻化砖

装饰灰镜

印花壁纸

订制装饰银镜

银箔壁纸

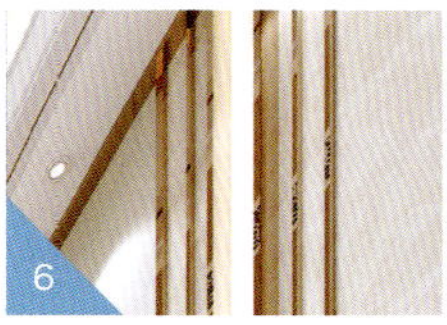

不锈钢装饰线

黑胡桃木装饰架

护墙板

主要装修材料

布艺软包

石膏板浮雕吊顶

米色印花壁纸

云纹人造大理石

黑白根大理石踢脚线

主要装修材料

不锈钢装饰线

木格栅贴清玻璃隔断

米黄洞石

爵士白大理石

撞色拼贴地砖

板岩砖

白枫木踢脚线

混纺地毯

主要装修材料

造型装饰银镜

米色乳胶漆

浮雕墙饰

仿布纹印花壁纸

主要装修材料

米色网纹玻化砖

车边茶镜

蓝色皮革硬包

中灰花玻化砖

不锈钢装饰线

主要装修材料

护墙板

浮雕造型吊顶

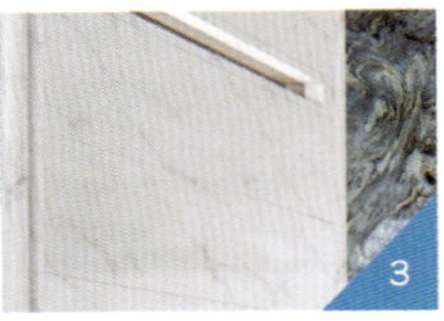

爵士白大理石

米色乳胶漆

仿石砖

山水纹大理石

木格栅贴茶色玻璃

装饰茶镜

如何选择绿色环保的家具

绿色环保的家具包括几层含义：一是家具自身无污染、无毒害；二是可以回收、处理、再利用，不会对环境造成污染。

家具在生产过程中，有五个环节往往存在污染问题：一是板材，各种人造板在加工过程中需使用黏胶剂、硬化剂等化学材料，这些材料含游离甲醛；二是涂料，家具表面的油漆含甲醛、苯；三是金属配件，电镀液中含氯化物；四是玻璃，含铅；五是布料，含甲醛、重金属，染料中含有害有机物。选家具时，闻气味并不是准确可靠的办法，没有异味的家具也不能说明是由无污染的材料生产的。购买家具时一定要选择大品牌，注意商家是否做了封边处理，并要求商家提供产品的质检合格证。最好购买实木家具、藤制家具等纯天然家具。

主要装修材料

皮革硬包

云纹大理石

木质描金装饰线

胡桃木地板

银箔壁纸

主要装修材料

胡桃木装饰线

印花壁纸

黑白根大理石波打线

布纹壁纸

主要装修材料

印花壁纸

米色网纹大理石

米色布纹壁纸

车边银镜

护墙板

主要装修材料

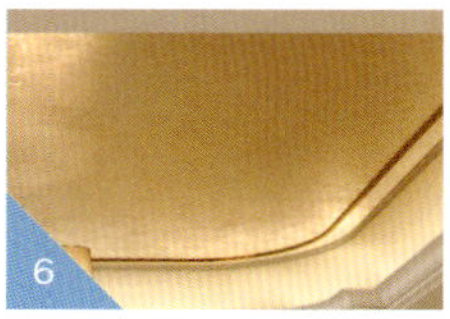

金箔壁纸

大理石拼花波打线

皮革硬包

胡桃木金刚板

白枫木装饰线

如何为大客厅的空间分区

利用灯光分区：在大客厅的不同区域设置不同的灯光，利用光线的冷暖色调和光影效果来分区。

利用家具分区：如客厅用沙发、视听柜，餐厅用餐桌椅，玄关用鞋柜、全身镜等来分区。

利用地面材质分区：如客厅铺大理石、地毯，餐厅铺木地板或瓷砖，通道铺花岗岩等。

利用吊顶分区：如客厅和餐厅可设计两个不同款式的吊顶等。

主要装修材料

车边银镜

米色网纹大理石

白枫木装饰线

中灰花大理石

浅蓝色皮革硬包

仿布纹壁纸

不锈钢装饰线

爵士白大理石

主要装修材料

车边银镜

深啡网纹大理石
踢脚线

爵士白大理石

装饰金镜

大理石拼花地板

山水纹大理石

描金装饰吊顶

印花壁纸

6
5

7
8

主要装修材料

井字形造型吊顶

米色网纹玻化砖

米黄色肌理漆

混纺地毯

不锈钢装饰线

装饰浮雕吊顶

护墙板

大理石拼花地板

石材选购须知

看外观。优质石材的表面没有或仅有少许缺棱、缺角、裂纹、色斑等缺陷。选购时，应检查同一批次石材的花纹、色泽是否接近，以免因色差过大影响装饰效果。

摸质地。纯天然石材表面冰凉、无裂纹，如果是等级高的大理石，其抛光面光洁，有镜面一般的光泽和手感，能清晰地映出景物。

用尺测量。优等品的板材长、宽偏差小于 1 毫米，厚度偏差小于 0.5 毫米，平面极限公差小于 0.2 毫米，角度误差小于 0.4 毫米。

查阅检测报告。优质天然石材应具备石材放射性物质检测合格报告，业主购买时可向销售商索取核实。

签订合同。在购买石材前一定要与供应商签订产品购销合同或索要发票，明确产品的名称、规格、等级、数量、价格及质量保证条款等。

主要装修材料

装饰银镜

紫色乳胶漆

装饰组画

车边银镜

米色网纹玻化砖

黑金花大理石波打线

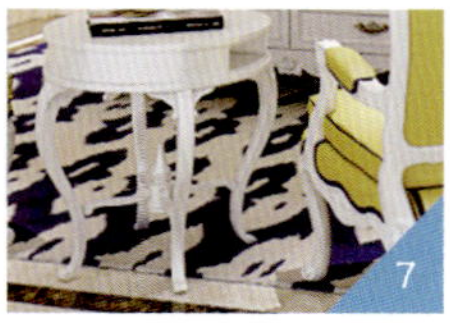

混纺地毯

金箔装饰线

主要装修材料

山水纹大理石

黑金花大理石波打线

白枫木装饰线

板岩砖

木纹地砖

文化石

石膏板浮雕吊顶

米色印花壁纸

主要装修材料

仿泰柚木瓷砖

皮革硬包

中灰花玻化砖

装饰茶镜

主要装修材料

山水纹大理石

不锈钢装饰线

订制装饰银镜

米色网纹大理石

混纺地毯

深啡网纹大理石

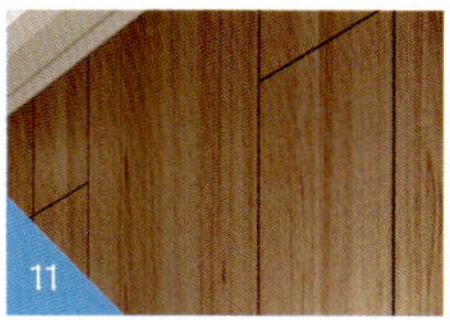

布纹壁纸

米色网纹玻化砖

主要装修材料

爵士白大理石

水曲柳饰面板拓缝

印花壁纸

浮雕装饰

金箔壁纸

皮革硬包

车边银镜

银箔壁纸

黑金砂踢脚线

黑金砂属于花岗岩的一种，以黑色为底色，表面呈金色细粒、中粒、粗粒的粒状结构，按照颗粒分布可分为大金砂与小金砂两种。由于黑金砂的颜色较深，因此它不适合大面积地使用，常被用作踢脚线、装饰线或者波打线。在使用黑金砂作为踢脚线时，要根据整个空间的大小和布局来确定踢脚线的高度。

主要装修材料

欧式印花壁纸

大理石拼花地板

白枫木装饰线

米色网纹大理石

石膏板浮雕吊顶

主要装修材料

订制造型装饰镜

山水纹大理石

条纹壁纸

印花装饰金镜

小客厅装修应当避免的几种做法

1. 避免色彩过于繁杂而破坏整体感，使空间显得杂乱；也不宜使用暗哑的墙面颜色，应选择明度与纯度都较高的色系，让空间看起来有延伸感，显得明亮不拥挤。

2. 吊顶不要太复杂，如果要做吊顶，小型吊顶装饰应该成为首选，或者干脆不做吊顶。

3. 划分区域的地面装饰会形成繁复曲折的空间结构，使小空间显得杂乱、拥挤，所以应尽量避免。

4. 尽量少做硬隔断，如一定要做，应考虑用轻透的材质，或用镂空的屏风、隔断等。

主要装修材料

石膏板浮雕吊顶

复古拼花墙砖

大理石拼花波打线

印花壁纸

山水纹人造大理石

装饰银镜

中灰花玻化砖

装饰金镜

主要装修材料

白枫木装饰线

大理石拼花地板

米色乳胶漆

石膏板浮雕吊顶

米色网纹大理石

爵士白大理石

实木装饰线密排

装饰茶镜

主要装修材料

银箔壁纸

米色网纹大理石装饰立柱

木花格贴灰镜

大理石拼花波打线

艺术地毯

印花壁纸

米色网纹大理石

大理石壁炉造型

主要装修材料

车边银镜

印花壁纸

黑白根大理石波打线

有色乳胶漆

白枫木装饰线

装饰银镜

米色壁纸

木质描金装饰线

卧室

主要装修材料

布艺软包

印花壁纸

印花装饰茶镜

木质描金装饰线

护墙板

布艺硬包

复合实木地板

混纺撞色地毯

6

老人卧室的规划

在规划老年人的卧室时，应考虑到老年人饮食起居的特点，尊重他们的隐私，为老人营造一个安稳、清静的生活空间，颐养天年。

协调的色彩能令老年人身心愉悦，同时还有利于消除疲劳、带来活力。老年人一般视力不好，起夜较勤，因此可以安装一盏夜灯，灯光的强弱要适中。另外，房间中可以适当摆放一些绿植、花卉等，给房间增添生机和活力。

7

8

主要装修材料

井字形吊顶

皮革硬包

泰柚木顶角线

米黄印花壁纸

蓝色皮革硬包

古典印花地毯

胡桃木地板

浮雕造型装饰

主要装修材料

不锈钢装饰线

绒布硬包

装饰茶镜

印花壁纸

米黄网纹大理石

皮革软包

白枫木装饰线

木纹金刚板

主要装修材料

肌理漆

白枫木装饰线

仿布纹壁纸

布艺硬包

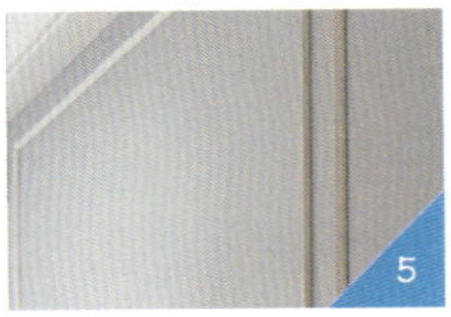

浅蓝色乳胶漆

白枫木踢脚线

绒布软包

不锈钢装饰线

主要装修材料

木花格玻璃推拉门

条纹壁纸

混纺地毯

布艺硬包

主要装修材料

木花格隔断

欧式印花壁纸

实木装饰线混油

胡桃木地板

布艺软包

仿布纹壁纸

不锈钢装饰线

木质踢脚线混油

如何选择卧室窗帘

卧室的窗帘要与居室的主题风格相统一，避免出现乱搭、与环境不协调的现象。窗帘必须具备遮光功能，目前市场上，遮光面料有棉、麻、植绒等，这类材质的窗帘遮光性都不错。

除了满足遮光的需要，窗帘颜色的选择也极其重要。不同的颜色和深浅度都会影响到卧室内的氛围和居住者的心情。建议选择平稳柔和一点的色彩，不仅看着舒心，还能为房间营造出温馨、宁静的氛围。

同时，窗帘的尺寸如果选择恰当会为设计增色不少。窗帘的宽度，一般以两侧比窗户各宽出 100 毫米左右为好，而其长度应视窗帘的式样而定，落地窗帘一般应距地面 20 ~ 30 毫米，短式窗帘应该长于窗台底线 200 毫米左右为宜。

主要装修材料

护墙板

布艺硬包

皮革软包

胡桃木地板

印花壁纸

主要装修材料

吊顶装饰灯带

不锈钢装饰线

绒布软包

装饰银镜

混纺地毯

复合实木地板

主要装修材料

布艺硬包

印花壁纸

泰柚木装饰线

条纹壁纸

复合实木地板

主要装修材料

订制墙饰

皮革硬包

装饰茶镜

护墙板

复合实木地板

主要装修材料

橡木金刚板

有色乳胶漆

白枫木装饰线

印花壁纸

石膏板浮雕吊顶

皮革硬包

布艺软包

胡桃木踢脚线

卧室装修的注意事项

1. 卧室的地面应具备保暖性，且色调应柔和温馨，可选用木地板、中性或暖色调的地毯等。

2. 卧室的顶棚是卧室装修的重点，以简洁、温馨的色系为好，色彩宜和谐。

3. 卧室窗户的位置不能随意改变，以免破坏建筑的整体承重性。

4. 卧室照明的光线宜柔和温馨，多以温暖的黄色为基调。为了使居室的氛围更加浪漫，同时方便使用，床两边的上方可镶嵌壁灯。

5. 卧室空调的送风口不宜对着床，也不宜对着人长时间停留的地方。

主要装修材料

白枫木装饰线

橡木地板

装饰墙裙

油画壁纸

石膏板浮雕吊顶

护墙板

胡桃木地板

皮革软包

6

8
7

卧室照明

卧室的光线应是中性且令人放松的，并通过使用一个以上的照明点得以最好地实现。可以考虑使用柔光灯泡，它可以用来突出局部或与聚光灯相组合，营造卧室轻松柔和的氛围。

卧室照明的设计要根据实际需要，合理配置。如头顶照明可安装调光开关以便于灵活地调节照明的强度；梳妆台、衣柜以及床周围的阅读区需要更明亮的光，梳妆台的布光，要保证光线均匀，以避免在脸上投射阴影；床周围的阅读区可使用光线柔和的台灯或落地灯，使光线能够集中在阅读区，让居住者有更加舒适的阅读体验。

主要装修材料

皮革软包

印花壁纸

不锈钢装饰线

白枫木装饰线

胡桃木地板

护墙板

橡木地板

石膏板浮雕吊顶

1
2

3
4

主要装修材料

护墙板

条纹壁纸

布艺硬包

胡桃木地板

混纺地毯

橡木地板

装饰组画

布艺硬包

主要装修材料

印花壁纸

肌理漆

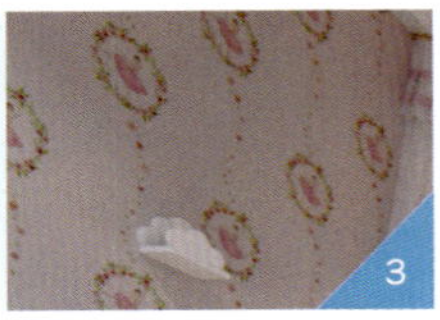

印花壁纸

护墙板

银箔壁纸

橡木地板

胡桃木装饰线

皮革浮雕硬包

6

儿童房设计

儿童房可选用颜色明亮温暖、造型动感的环保家具。儿童房的床上用品和布艺饰品色彩宜明媚轻柔，让宝贝感到安宁舒适，可以选购生动可爱的卡通图案，比如米老鼠、小熊维尼等，让宝贝有亲切感。同时，儿童房还应设计较大的收纳空间，用于放置小朋友的玩具、生活用品、衣物等。

7

8

主要装修材料

印花壁纸

实木顶角线

胡桃木踢脚线

有色乳胶漆

实木装饰线混油

绒面地毯

白枫木造型装饰线

复合实木地板

其他功能区

主要装修材料

订制装饰银镜

复合实木地板

装饰银镜

胡桃木踢脚线

米色网纹大理石

主要装修材料

护墙板

米色网纹玻化砖

木格栅玻璃推拉门

有色乳胶漆

白枫木装饰线

肌理壁纸

装饰画

泰柚木地板

如何选购餐厅的灯具

在餐厅中，餐桌上方的照明灯，高度应在餐桌上方 600 毫米至 700 毫米处，灯具的位置一般在餐桌的正上方。灯罩宜用外表光洁的玻璃、塑料或金属材料，以便随时擦洗。也可用落地灯照明，在餐桌附近的墙上还可适当配置暖色壁灯，形成多角度的光源，使餐厅的光线温暖柔和，氛围温馨浪漫。

主要装修材料

大理石拼花地板

米色网纹大理石装饰立柱

不锈钢装饰线

护墙板

有色乳胶漆

井字格装饰梁

大理石拼花波打线

银箔壁纸

主要装修材料

装饰银镜

胡桃木饰面板

铁艺贴银镜

皮革硬包

深啡网纹大理石
踢脚线

泰柚木顶角线

大理石拼花地板

印花壁纸

6
7

8

欧式餐厅设计的常用元素

对于欧式风格的餐厅来说，整体的布局都是以餐桌为中心进行的，餐桌多为长方形，适合多人共同进餐。

设计的时候，餐桌椅的造型和材质的选择一定要符合欧式风格的标准和特色，最常见的材质是实木，搭配上精美的布艺装饰，形成华丽精致的视觉效果。

欧式风格的餐厅，在墙面装饰上也非常用心，一般会选择欧式壁纸，同时以花造型、罗马柱造型等欧式元素来营造氛围。除此之外，还可以通过油画来装饰，增添餐厅的艺术气息。

在餐厅的设计中，灯具是必不可少的点睛元素，欧式灯具以浓烈的色彩、精美的造型达到雍容华贵、富丽堂皇的装饰效果；在餐厅中的欧式灯具多选用暖色光源，以营造温馨的氛围，增加用餐者的食欲。

主要装修材料

木格栅玻璃推拉门

大理石拼花地板

黑白根大理石波打线

仿壁炉造型

印花壁纸

石膏板浮雕吊顶

金箔壁纸

大理石拼花波打线

主要装修材料

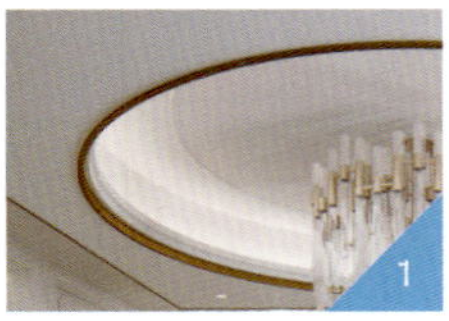

金箔装饰线

装饰银镜

印花壁纸

大理石拼花地板

木格栅磨砂玻璃推拉门

米色网纹墙砖

白枫木顶角线

黑白根大理石波打线

主要装修材料

米色网纹大理石踢脚线

印花玻璃推拉门

木装饰线密排

中灰花大理石

仿布纹壁纸

主要装修材料

护墙板

皮革硬包

装饰银镜

白枫木装饰线

撞色拼花玻化砖

石膏板浮雕吊顶

深啡网纹大理石波打线

米色网纹墙砖

餐厅装饰画与工艺品的选购

选购餐厅装饰画时要注意它的色彩、题材和尺寸，餐厅装饰画的基调以柔和清新、干净整洁为宜；可以根据自身的喜好加以选择。特别需要注意的是，在餐厅与客厅是贯通的情况下，餐厅的装饰画最好能与客厅配画相协调。另外，餐厅装饰画的尺寸控制在 50 厘米 × 60 厘米左右比较适合；如果是单一的大幅装饰画，画框与家具的最佳距离为 8~16 厘米。

1

2
3

主要装修材料

卷草纹印花银镜

金箔壁纸

印花装饰银镜

胡桃木装饰线

中灰花亚光地砖

护墙板

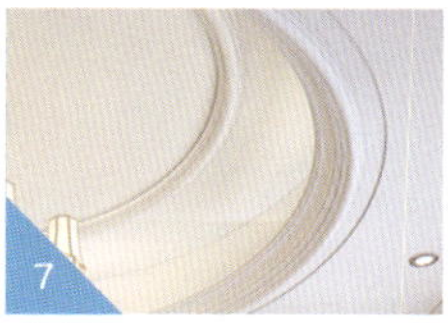

跌级造型订制吊顶

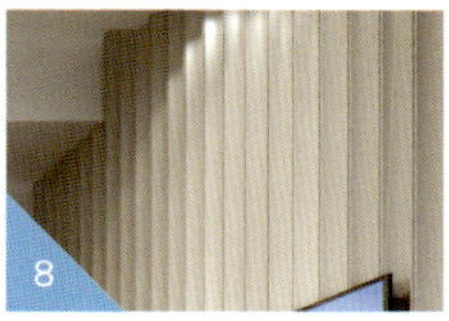

波浪装饰板

1
2

3

主要装修材料

车边银镜

护墙板

中灰花大理石垭口

米色网纹墙砖

玻化砖拼花地板

订制装饰吊顶

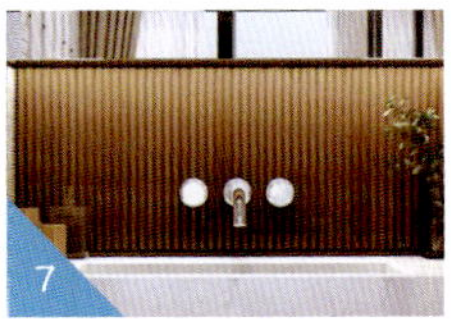

波浪装饰板

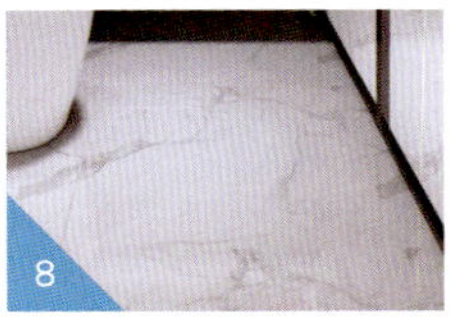

爵士白玻化砖

卫生间主材选择的标准

卫生间是家居中很特殊的一个空间，卫生间中常常产生大量的水和雾气，所以其所用的装修材料应具备很好的防水、防潮性能，石材和瓷砖都很适宜用于地面装饰；墙面同样应该选择防水性强又能抗腐蚀、抗霉变的材料，如选择容易清洁的瓷砖和花色多、图案丰富的强化板，它们都比较易清洁、易干燥。

主要装修材料

造型装饰立柱

装饰壁龛

中灰花玻化砖

黑金花大理石波打线

山水纹大理石

订制装饰银镜

爵士白墙砖

胡桃木饰面板

图书在版编目（CIP）数据

设计理想的家. 欧式家居轻图典 / 叶斌，叶猛编著. —福州：福建科学技术出版社，2019.9
ISBN 978-7-5335-5952-6

Ⅰ. ①设… Ⅱ. ①叶… ②叶… Ⅲ. ①住宅 - 室内装饰设计 - 图集 Ⅳ. ①TU241-64

中国版本图书馆CIP数据核字（2019）第165724号

书　　名　**设计理想的家　欧式家居轻图典**
编　　著　叶斌　叶猛
出版发行　福建科学技术出版社
社　　址　福州市东水路76号（邮编350001）
网　　址　www.fjstp.com
经　　销　福建新华发行（集团）有限责任公司
印　　刷　福建彩色印刷有限公司
开　　本　889毫米×1194毫米　1/16
印　　张　6.5
图　　文　104码
版　　次　2019年9月第1版
印　　次　2019年9月第1次印刷
书　　号　ISBN 978-7-5335-5952-6
定　　价　39.80元